电池科普与环…

安全用电池

马建民 / 主编　　咪柯文化 / 绘

电子科技大学出版社
University of Electronic Science and Technology of China Press
·成都·

前 言

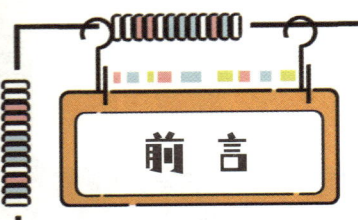

人类对能源的探索永不停止

人类对能源的探索，自古以来就未曾停歇。由于地球上可供开采的煤炭、石油、天然气等非再生能源十分有限，因此，现在全世界都将目光聚焦在太阳能、风能、核能、潮汐能等再生能源的开发与利用上。

能源问题是关系国家安全、社会稳定和经济发展的重大战略问题。如何优化资源配置，提高能源的有效利用率，对人类的生存和国家的发展都具有十分重要的意义。

如何积极发展新能源是人类必须共同面对的一项重大技术课题。新能源技术的不断进步，特别是动力系统的不断改进，为能源结构的转型提供了可能。然而，虽然新能源的类型很多，但世界上至今还没有出现实用的、经济有效的、大规模的直接储能方式。因此，人类不得不借助其他间接的储能方式。

电能，作为支撑人类现代文明的二次能源，它既能满足大量生产、集中管理、自动化控制和远距离输送的需求，又具有使用方便、洁净环保、经济高效的特点。用电能替代其他能源，可以提高能源的利用效率。

我们今天所有的可移动电子设备，其运行都离不开电池。电池的出现使人类的生活更加便捷，特别是在信息时代来临之后，电池的重要性更为突出。我国不仅是世界排名第一的电池生产大国，还是世界排名第一的电池消费大国。

虽然人类在电池的研究方面已经取得了丰硕的成果，但研究者一直在寻找更好的电能储存介质。随着科学的发展、新能源技术的成熟，在未来，哪一种类型的电池能够脱颖而出还未可知。希望此书能激发孩子们对电池的兴趣，未来能为我们揭晓谜底。

马建民

2024 年 3 月

故事导读

电池王国是一个庞大的国度,生活着许许多多的电池家族,每个家族的电池人都有着特殊的本领。他们勤劳能干,驱动各种设备运转,促进人类世界不断发展。

在电池王国,每天都有故事发生着……

自从镍霸率领的废旧电池联盟被电池王国与人类共同瓦解后,他为了复兴家族,又闯出了什么样的祸事呢?锂锂又将如何应对此次危机?

如果你想知道的话,就一起来看看吧!

角色介绍

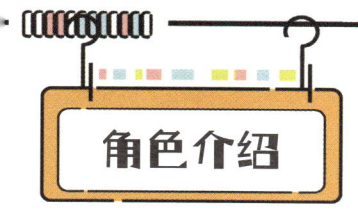

锂锂

家族：
锂离子电池

闪闪

身份：
电池王国的守护精灵

烈炎炎
身份：
因电池事故受伤的电池与人类的怨念聚集而成的精灵

大铅
家族：
铅酸电池

机器人X

王一硫
家族：
钠－硫电池

镍霸
家族：
镍镉电池

目 录

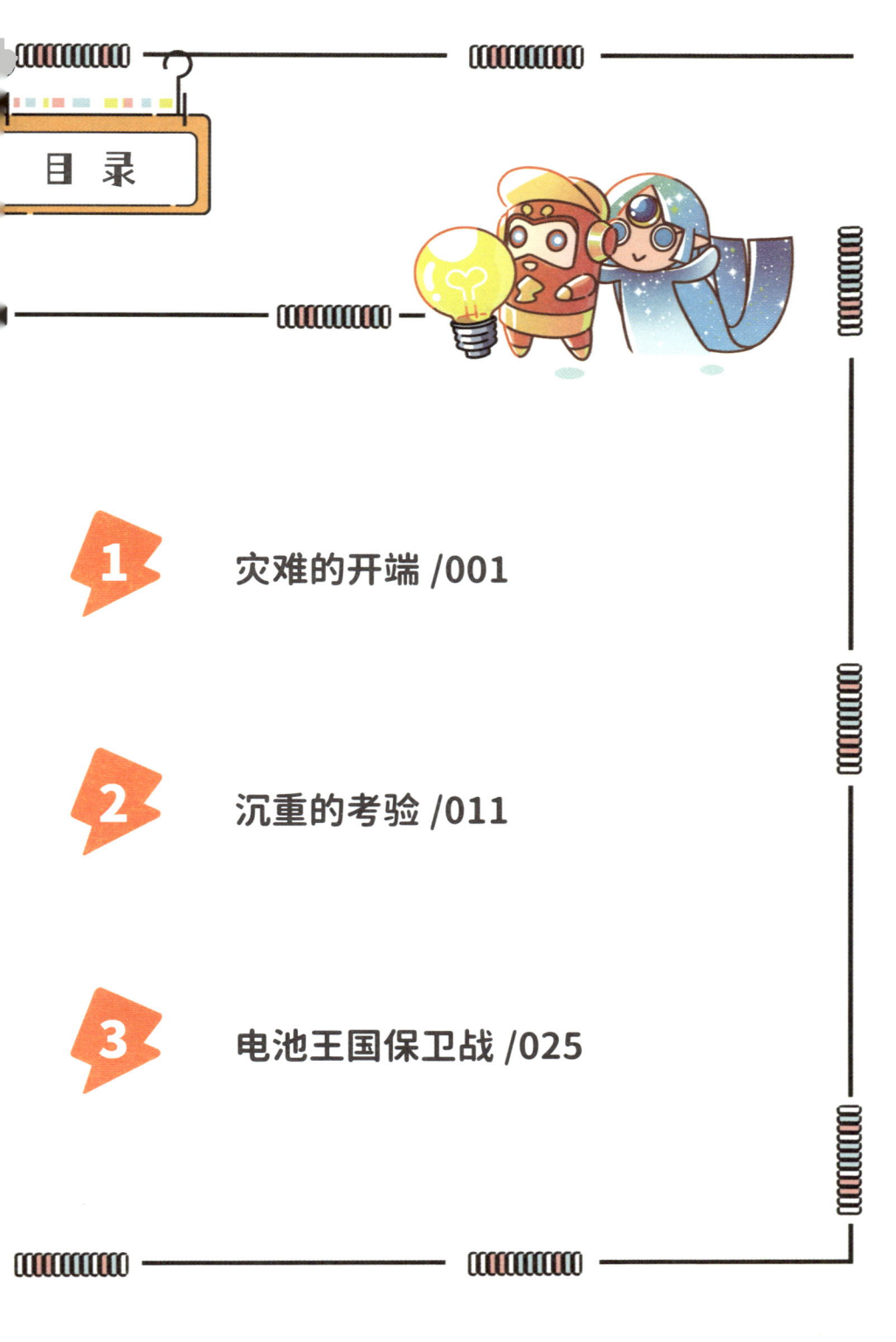

1. 灾难的开端 /001

2. 沉重的考验 /011

3. 电池王国保卫战 /025

电池大揭秘 /039

电池王国的灾难之电池爆燃……………………040
锂离子电池的安全性问题………………………050
关于锂离子电池的安全教育……………………066
提升安全性，新型锂离子电池的开发…………074
电池王国的未来…………………………………092

1

灾难的开端

嘿嘿……找到了!

吱——

放下那个盒子！其他一切好说！

让我看看……这里面究竟藏着什么宝贝？

住手！千万不能打开盒子！

尊贵的精灵啊，你能实现我的愿望吗？

007

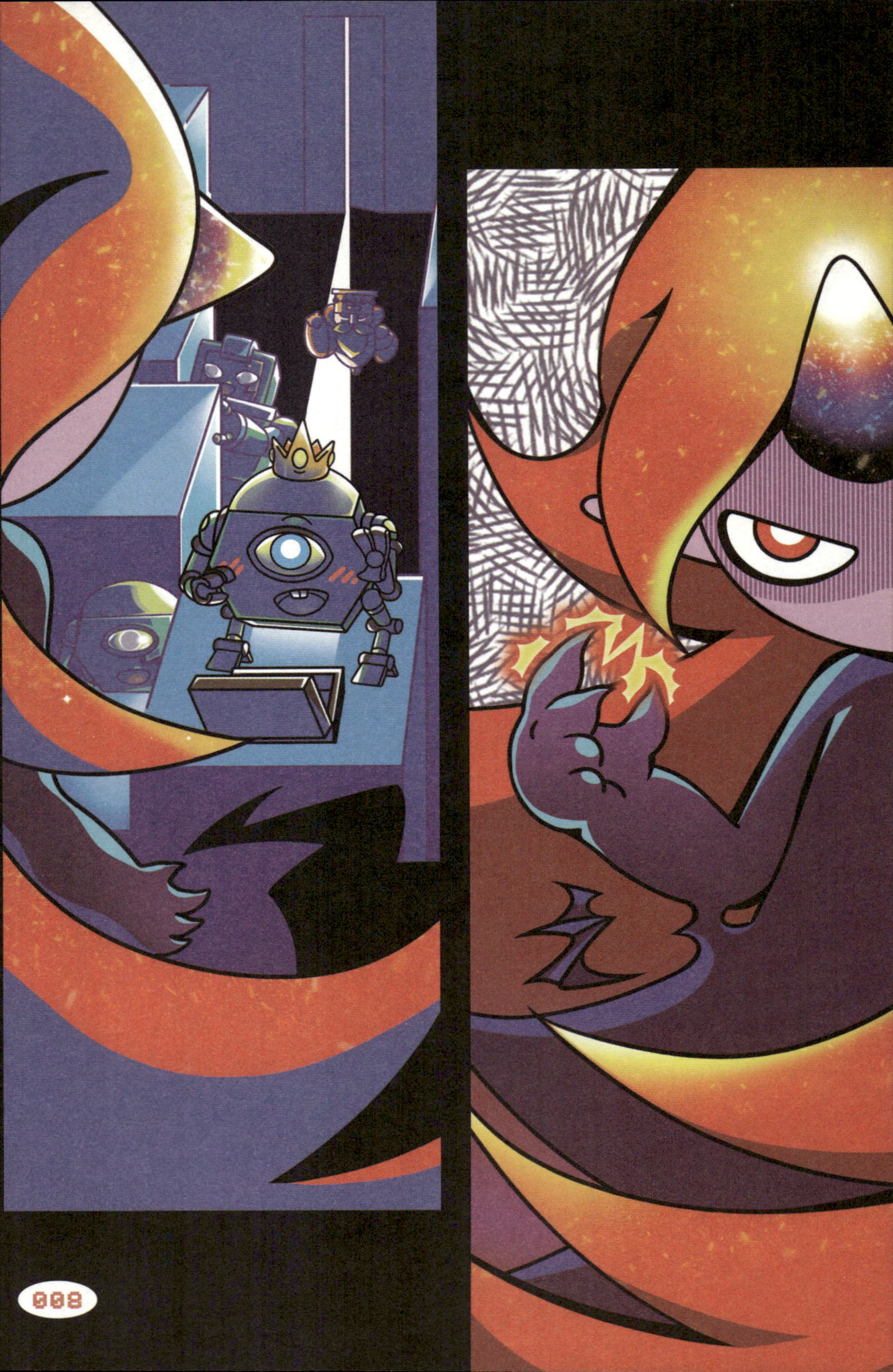

009

010

2

危机爆发

最近一段时间，电池王国安全事故频发，因火灾而受伤、逝去的电池人不计其数，锂锂和大铅为了救灾，每天都辗转于各个事故现场，忙得不可开交。

这天，又有一辆电动汽车在停车场内发生了火灾，锂锂连忙向目睹了整个事故过程的工作人员了解情况。

您能向我详细描述一下失火的过程吗？

这辆电动汽车刚刚完成充电,就散发出了一股异味……

紧接着就听到"砰"的一声,电池人身上冒出了大量白烟。

几分钟后,就看到有火光蹿出。

火势蔓延得非常迅速,等消防救援人员赶到时,连停在旁边的车子也被引燃了……

原来是电池人自燃啊!

013

灭火瓶陆续用完，车内还是不断有火光蹿出。了解到火源是来自车内的电池人，锂锂终于明白了一次次复燃的原因是：火扑灭了，但处于热失控状态下的电池人体内的高温却没有降下来。

眼见扑救过程非常不顺利，锂锂来不及为逝去的同胞哀伤，赶紧加入了灭火队伍。

快！车体的温度已经降下来了！做好防护措施！

将车内的电池人遗体抬出来！再准备一桶凉水！

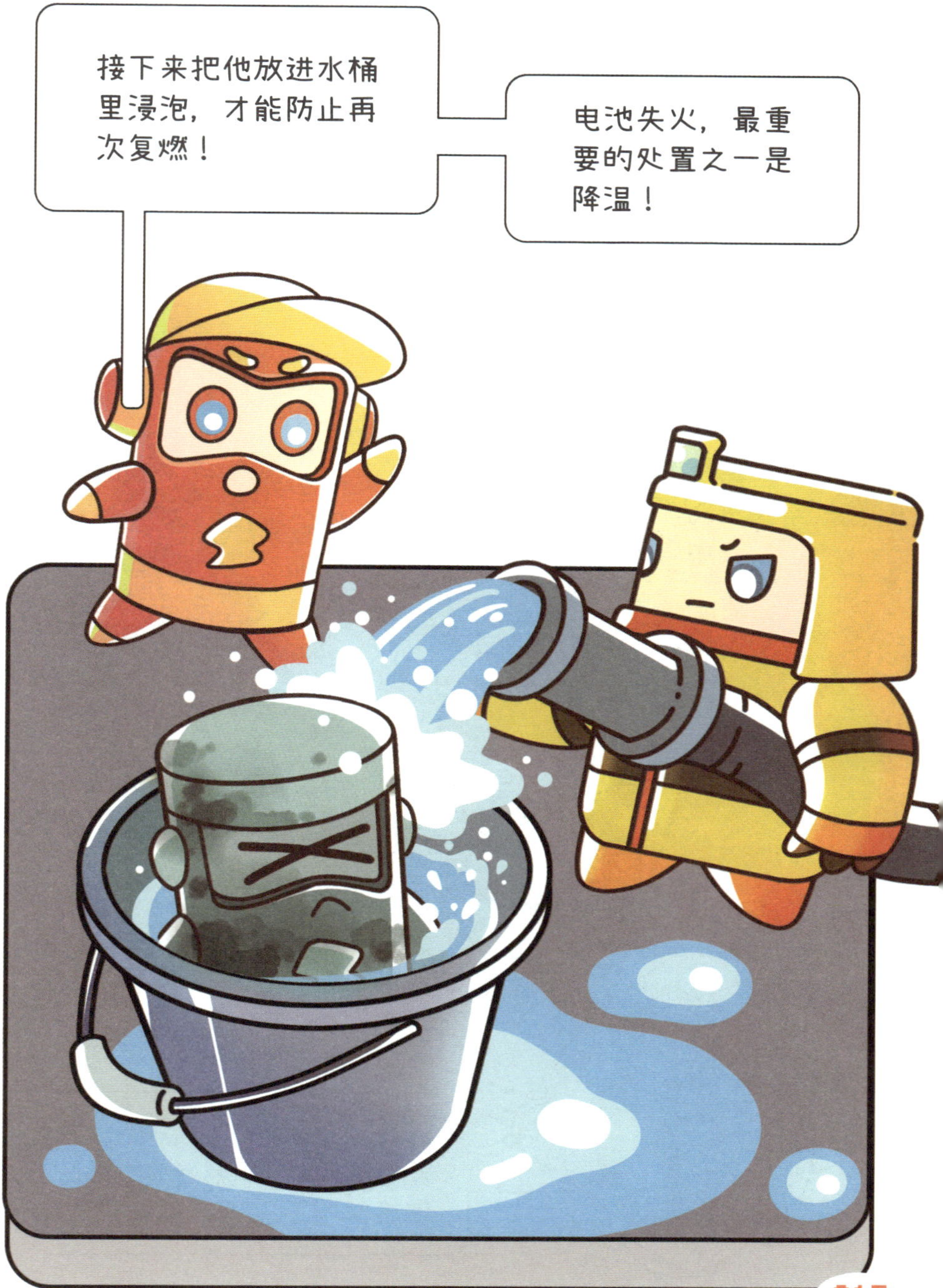
接下来把他放进水桶里浸泡，才能防止再次复燃！
电池失火，最重要的处置之一是降温！

历经多次复燃又灭火后,众人终于将火势控制下来了。

考虑到这次电动车失火,与前不久发生的数起火灾几乎如出一辙。锂锂认为情况并非偶然,于是便召集了大铅和闪闪一起开会,讨论电池自燃防治办法。

我们电池人起火非常快,并且火势猛烈、燃烧持续时间长,使用常规灭火器很难扑灭。

在后续降温过程中,不仅容易发生复燃,而且冷却慢、扑救时间长。

我们应牢守安全底线,电池防火很重要!

就在几人感到一筹莫展时,王一硫和镍霸气喘吁吁地赶来了……

你们……怎么来了?

镍霸,难道又是你搞的鬼?

等等!我有话要对你们说……

不知道你们还记得吗?我曾提过的"电池王国的灾难"……

人我们电池诞生之初,"安全性"尤是我们绕不开的话题。多年以来,由于一些人类在生产、使用、存储口废弃电池时处置不当,导致事故顷发。

更可怕的是,从这些事故中竟诞生出一个心中满是怨恨、有着可怕力量的精灵。我无法消灭他,只能趁他还小的时候,将他封印在魔盒中……

但没想到镍霸会盗宝,将他从魔盒当中放了出来,被封印了多年,精灵的力量已经强大到无法想象的地步……

王一硫将事故的缘由缓缓道来,令众人震惊不已。

还来不及细想解决方案,一旁的闪闪似乎对这个"肇事者"有所了解,锂锂赶忙向她了解情况。

实在是太可怕了!与我一起去盗窃宝物的同伴……无一幸免……

什么?你把烈炎炎那个大魔王放出来了?!

镍霸!你这个闯祸精!你知道你害了多少人吗?!

现在不是互相责怪的时候……闪闪,你了解烈炎炎吗?

还没有正式向你们介绍过我的来历呢！我是从人类对科技探索的强烈求知欲和对美好生活的向往中诞生，象征着智慧与发展，身负着守护电池王国的责任。

而烈炎炎则是由因电池事故受伤的电池与人类的怨念聚集而成，象征着不甘、愤怒和毁灭……他的能力是使电池热失控，来达成他毁灭一切的目的！

小贴士

影响电池安全性的因素有很多，其中热失控是根本原因。

听完闪闪的介绍，众人都倒吸了一口凉气。这个烈炎炎的来历可不简单，并且生来就是为了毁灭，怪不得连上一任国王王一硫都不远千里来帮忙。

你先抢走宝石，后又把"魔王"给放出来了！现在，整个王国都因你而陷入了危机，你满意了吗？

我……我只是想复兴镍镉电池家族，我也没想到事情会变成这样……

你没想到？我看你就是故意的！

别说了，大铅……目前最紧要的任务是阻止烈炎炎毁灭电池王国，我们更应该团结在一起……

我愿意为我曾犯下的过错负起责任……只要能阻止烈炎炎，我什么都愿意做！

联想到近期烈炎炎给电池王国带来的灾难，大铅看着镍霸更是气不打一处来。

镍霸为了弥补自己的过错，连忙将自己手中的宝石如数归还给了闪闪，并表示会竭尽全力与众人一起重新封印烈炎炎。

其实……也不是没有阻止烈炎炎的方法……

如果能够将所有电池人的电力一同注入项链，项链的力量应该能够把烈炎炎重新封印起来。

不过，只有完整的五颗宝石的项链才能发挥出完整的力量……

这是我之前抢走的宝石，喏，都还给你！

虽然镍霸归还了宝石，但项链上还缺少一颗有着净化之力的灵魂宝石。没有集齐所有宝石，挑战危险十足的烈炎炎还是没有百分之百的把握……

闪闪，你知道在哪里可以找到灵魂宝石吗？

灵魂宝石和其他宝石的情况不太一样……要想召唤出灵魂宝石，只能是心甘情愿将自己奉献给电池王国的电池人，用自己的灵魂去换……

什么？！

用灵魂去换……

3

电池王国保卫战

听闻获得灵魂宝石需要用电池人的灵魂去交换，一时之间，众人吵得不可开交，争先恐后地想为王国的和平与安宁而献身。

闪闪，我是电池王国的国王，保护王国是我的义务！请用我的灵魂来交换灵魂宝石吧！

不可以！锂锂，电池王国不能失去领导者，还是让我来吧！

不……不行……

王一硫，您已经为电池王国奉献了自己的一生。这一次，就让我来吧！

呜呜呜……

我愿意为电池王国牺牲，就用我的灵魂吧！

……

就在大家争先恐后要献身时,一直看起来若有所思的镍霸突然站了出来……

就用我的灵魂来交换灵魂宝石吧!

镍霸慷慨激昂地表达着自己为国牺牲的决心。忽然间，他的身体开始散发出一阵光芒，随着他的情绪越来越激动，光芒变得越来越刺眼。

曾经，我被嫉妒和欲望冲昏了头脑，口口声声都是为了振兴家族，却做了许多损人利己、伤害国家及同胞利益的事……

这场祸事因我而起，现在，拯救王国于危难之中的机会就摆在面前……请给我一个机会，让我来弥补曾经犯下的错吧！

快看！那就是灵魂宝石！

一定是他的真诚和坚定召唤出了灵魂宝石！

镍霸说毕,只见一块闪闪发光的宝石,缓缓从他的身体里分离出来。灵魂宝石一离体,镍霸也渐渐失去了活力,再不复以往的神采……

> 永别了,同胞们……

> 我们一定不辜负你的付出,让电池人们都能安居乐业、共同发展!

> 一定还能再次见面的……

> 电池王国会永远铭记你,再见了……

告别了镍霸，锂锂一行人将电池王国所有电池人召集起来，将正在大肆破坏电池的烈炎炎团团包围起来。此时，电池王国已经是一片狼藉。

今天一定要把你重新关回盒子里！

烈炎炎，住手！

看着眼前同胞们的惨状,想到王国昔日的繁华与安宁,所有电池人都愤怒不已,一场王国保卫大战拉开帷幕!

啊！

他开始攻击了，大家注意闪避和防护！

消防队进行灭火与降温，控制住火势！

大家小心，离火源远一些！

哈哈哈,太好玩了!电池人最怕高温,看我将你们燃烧殆尽,你们能奈我何?

烈炎炎,你不要得意,我们已经有了对付你的办法了!

什么?!你们竟然集齐了所有宝石!

请大家把力量借给我吧！

啊！！！

我们电池人的安全性只会越来越高，被封印才是你的归宿！

在众人的齐心协力下，烈炎炎这只邪恶的精灵终于被重新封印在魔盒里。灾难总算是告一段落，电池王国有条不紊地进入了灾后重建的工作中。

他应该不会再跑出来了吧！

放心吧！这次我一定会看好他。

虽然风波暂时平息了，作为国王，你可不能懈怠！接下来，和我一起到历史回廊里进行提升训练吧！
为电池王国谋求更好的发展是我的职责与使命，出发！

锂锂跟随闪闪来到了历史回廊，来自未来的新型电池们早已在此等候多时。

见到如此庞大的队伍，锂锂被吓得撒腿就跑。他一边跑一边感叹着：这得认识到猴年马月啊！

要成为一个优秀的国王，首先要在自身性能上面下功夫。接下来，我将带你认识各种来自未来的新型电池！

先从你们锂电池家族的后辈们开始吧！他们分别来自：镍酸锂电池家族、镍钴锰酸锂电池家族、镍钴酸锂离子电池家族、锂空气电池家族……

快看！那是我们的前辈！

救命啊！国王也需要假期！

电池大揭秘

电池王国的灾难之电池爆燃

作为一种把化学能转化为电能的装置，电池从它诞生的那一刻起，就潜伏着安全隐患。

电池内部剧烈的化学反应产生的能量，一旦突破外面的保护层，就可能会引发燃烧或者爆炸。

劣质电池、充电器不配套、高温、过度充电都可能会引发安全事故。

救命啊！

劣质电池

劣质电池一般指设计不合格的电池,这种电池的安全风险较多。

电池外壳的厚度很关键,太薄容易被化学物质击穿;太厚,没有韧性,一旦摔落,或者受到外部压力,则会变形,一样会影响内部化学物质的反应,造成短路。

高 温

高温会导致电池内部生成其他合成物，这种合成物如果不能被隔断或者融合掉，就会引发系列反应，导致电池短路，或者内部电流传递变弱，也就是常见的电阻变大。

小贴士

导体对电流的阻碍作用就叫作该导体的电阻。不同的导体，电阻一般不同。导体的电阻越大，表示导体对电流的阻碍作用越大。

为了保障电池在充电过程中温度不会过度上升，保持稳定的性能，电池内部有一个安全保护电路。

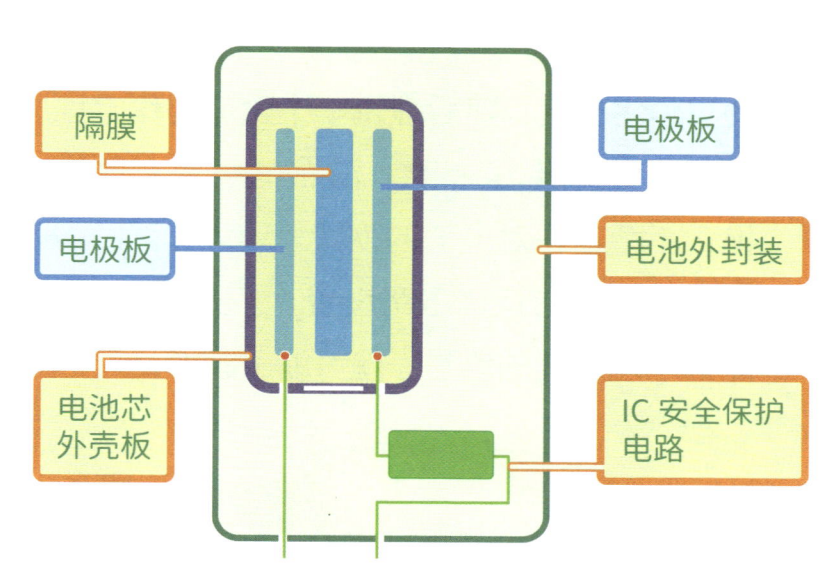

- 隔膜
- 电极板
- 电极板
- 电池外封装
- 电池芯外壳板
- IC 安全保护电路

电池是一个密封的装置，内部是化学物质，一旦产生气体，需要及时排出，否则就像高压锅，可能会引起爆炸。为了解决这个问题，合格的蓄电池都会设置一个安全阀，及时把气体排出去。

> 有了它，我再也不怕肚子胀气了！

适配的充电器

此外，充电器的选择也很重要，优质的充电器开始即可使用恒定电流，随后维持一个合适的稳定电压，电池和充电器之间电压一致，没有电压差，也就没有电量交换，不会存在对电池的损毁。

劣质充电器没有反馈电路设置，过长时间的充电，输入的能量超过电池的容量，就可能引起燃烧和爆炸。

电池爆燃的严重后果

电池给人类带来了巨大的能量和便利,但是一旦发生爆炸或者燃烧,带来的损失也不可估量,不计其数的货物可能瞬间付之一炬,对人体造成的伤害更是无法挽回,甚至会让人失去珍贵的生命。

> 电池爆炸的消息不时出现在新闻上,据统计,中国每年发生电动自行车及其电池故障引发的火灾有上万起,造成的人员伤亡有上百人。

上图这家店这么大的火势，正是因为店内存放了大量的电动车电池。幸好是在夜晚，没有人员伤亡，仅仅是损失了财物。但也正是因为没有人监控正在充电的电池，才导致了这一场灾祸。

右图是一间存放废旧电池的仓库，储藏了几百吨的废旧锂电池，虽然这场火灾也没有导致人员伤亡，但货物损失惨重。

类似的电池事故不断发生，使得人们非常忧虑电池的安全问题，解决电池安全隐患刻不容缓。

仔细调查这些事故之后，人们发现锂离子电池竟然成了这些事件的主角。为什么是锂离子电池呢？

经分析后，人们认为，一方面是因为锂离子电池本身的原因，另一方面则是因为操作不当造成的。

> 最近你们家族又发生了几起安全事故，你一定要注意安全！

> 放心吧！这都是那些不会正确使用电池的人类造成的。

真的是人类不会使用电池造成的爆炸吗？事实究竟是什么样的呢？一起来看一个对比试验吧！

1. 将铅酸电池放在模拟高温环境的燃烧桶中，铅酸电池持续燃烧但并没有发生爆炸。

2. 将3枚3.7伏的单芯锂电池置于燃烧桶中，几分钟后，单芯锂电池出现喷射流火并形成小面积轰燃。

3. 将48伏的锂离子电池置于燃烧桶中，仅2～3分钟时间，锂离子电池就发生了爆炸，破碎的爆炸物喷射到5米以外。

实验证明，锂离子电池比铅酸电池的安全性要低。但锂离子电池容量大，工作电压高，电池容量是等效镍镉电池的2倍；在体重方面，比起等效铅酸电池，显得轻盈很多。

凭借着明显的优势，锂离子电池获得了广泛的应用，已经成为人们日常生活中的主流电池，在平板计算机、笔记本电脑、数码相机、游戏机、手机、打印机、电动汽车等领域都有它的身影，产量也逐年增加。

锂离子电池是大家都经常使用的东西。尤其值得关注的是：它们出现在各种电子玩具和其他针对儿童的产品中。应用的环境越是复杂，越是考验锂离子电池的质量。

因此，进一步了解锂离子电池的性能，确保安全使用非常重要。

锂离子电池的安全性问题

近年来,锂离子电池爆炸事故时有报道,人们受到的伤害也是触目惊心。其中,最常见的爆炸事故是电动车充电起火。

为了图方便,有人会将电动车带回家中充电,殊不知这样做有极大的安全隐患。看!下图这户人家失火了,就是正在充电的电动车引起的!

电池失火，火势蔓延迅速、难以扑灭，还可能伴随着爆炸，并会散发毒烟。家中环境封闭，易燃物多，且居民区人员密集。一旦失火，后果非常严重，大家千万不要效仿！

越来越多的锂离子电池爆燃事故，令人们心中产生了疑问——锂离子电池真的安全吗？明天，我骑的电动车不会出问题吧？

……什么味道？

砰砰

如果不是这个男孩及时发现了电动车异常，后果将不堪设想！

锂离子电池安全实验室

锂离子电池起火究竟是什么原因引起的？一起走进锂离子电池的世界，了解其中的原委！

专家发现很多时候锂离子电池爆燃是因为电池内部短路或者热失控，导致温度急速上升，电解液剧烈沸腾，外壳膨胀，超过保护电路的强度时，就会发生爆炸。

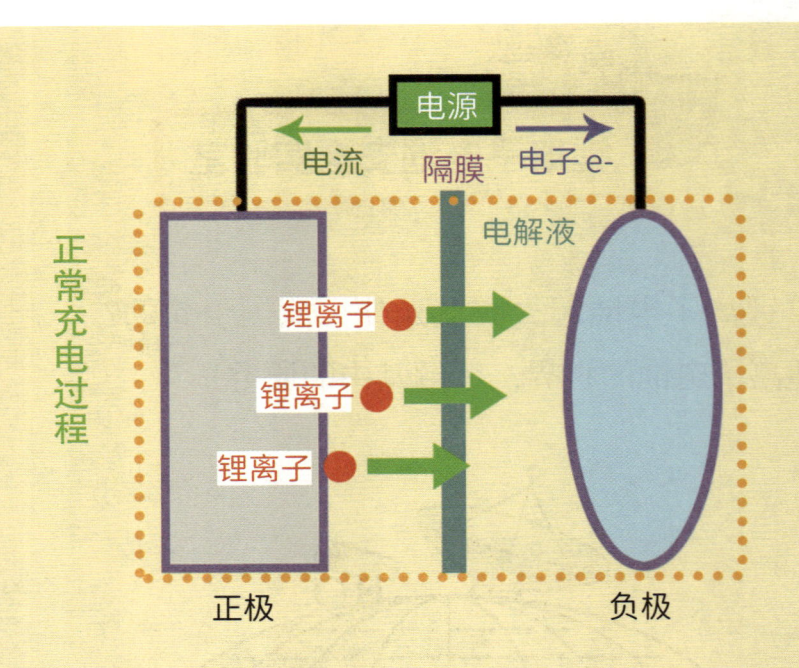

正常充电过程

电源 — 电流 ← 隔膜 → 电子 e-

电解液

锂离子 →
锂离子 →
锂离子 →

正极　　　　　　　负极

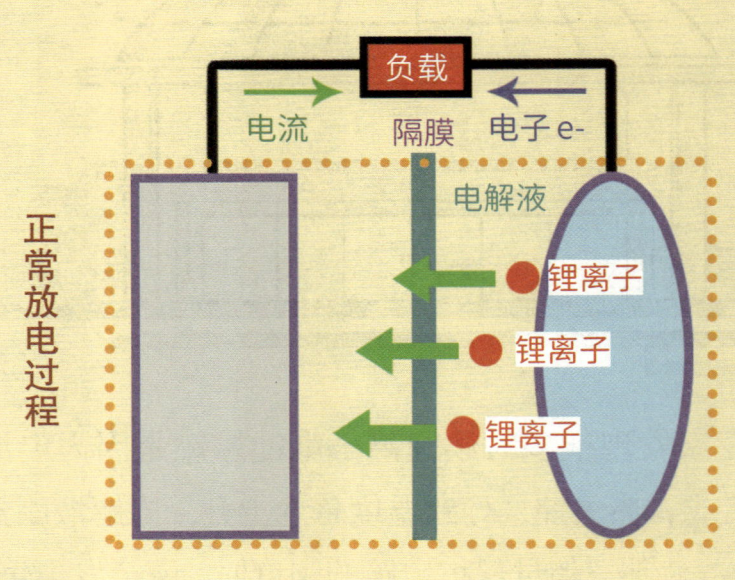

正常放电过程

负载 — 电流 → 隔膜 ← 电子 e-

电解液

← 锂离子
← 锂离子
← 锂离子

这一切最开始的迹象就是电池鼓起一个包,这是因为电池内部的高温导致电解液分解产生气体。

> 如果你看到电池鼓起一个包,就应该立即停止使用,以免发生事故。

锂离子电池爆燃的过程和气球爆炸很相似。

如果气球里面的气体受热,就会导致气球膨胀,一旦超过可以承受的容量,气球就会爆炸。

电池短路的诱因

电池在什么情况下会发生短路呢？一起来继续探索吧！

目前，电池内短路主要有三种诱因：机械失控、电化学失控以及温度失控。

机械失控

在机械失控中，最常见的就是电池受挤压或者被针刺发生破损，这会导致电池隔膜被刺穿，正负极板直接连通造成内部短路，放出巨大的热量，燃烧起火。

电化学失控

电化学失控的原因有很多,电池质量不过关是重要原因。正负极板不干净,黏附一些碎屑,刺穿电池中间的隔膜,或者混到电解液中都会引起短路。

电化学反应失控最常见的罪魁祸首是电池过度充电和大电流快充。

温度失控

发生温度失控的主要原因是锂电池在高温下工作，正负极片会和电解液发生其他附加反应，释放出氧气和热量。多重热量的冲击，容易造成隔膜的熔解，进而出现大面积短路。

电池爆燃的其他原因

除了前面这些原因，导致锂电池爆炸，还有很多其他因素，比如制造商为了降低成本，制作工艺不合格，生产出的其实是劣质电池、组装电池。

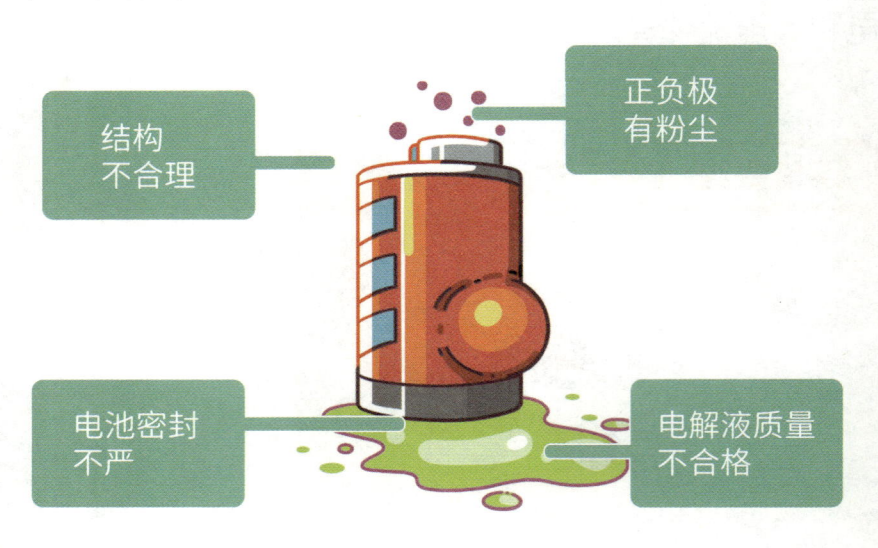

- 结构不合理
- 正负极有粉尘
- 电池密封不严
- 电解液质量不合格

如果一个电池，外壳没有损毁，卸除内部压力的保护阀正常工作，电池外壳可能只会鼓起一个包，不会发生爆炸。

只有当电池内部严重短路，大量的电解液变成汽化状态，冲破外壳，才会发生爆炸。

如果电池生产环境不够干净和干燥，让太多水分和杂质进入电池，就会为电池爆炸埋下隐患。

如果在电池的生产过程中使用不合格的黏结剂，在电池使用过程中会发生"掉粉"的情况，然后又形成毛刺造成隔膜穿刺，导致内部短路，最终引起锂电池爆炸。

充电装置不符合规定，导致电池过充或者快充，也会带来爆燃风险。

据美国联邦航空管理局统计，1991年至2007年间所发生的锂离子电池事故中，68%是由于内部或外部短路造成，15%是由于充电或放电造成，7%是由于设备意外启动，10%为其他原因。

如何解决电池爆燃问题？

为了提升安全性，专家对锂离子电池进行了升级改造。

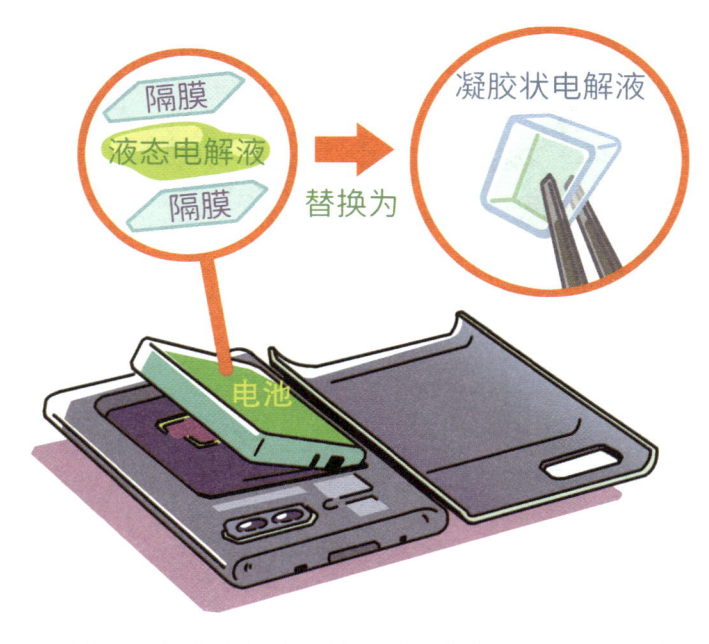

由于液态电解液容易过度反应，于是人们就使用了更稳定的凝胶状电解液。锂离子电池转变为锂聚合物电池，即便是电池被戳破，最多就是鼓包，不会再发生爆燃。

这种改变首先出现在手机电池领域，而在电动车上面，由于凝胶状的动力电池暂时达不到装车要求，只能想办法尽可能地保护好电池。

针对锂离子电池快充、过充的风险，人们专门为它设计了一套管理系统，这套系统时刻控制着充放电电流、监控着电池的工作状态。

穿上防撞材料，弹性更强，我不怕被挤、被戳了。

锂离子电池怕被戳、被挤，就在外部加上防撞材料，底部抹上防刮涂层。

穿上液冷系统，保证高温天气也不会过热！

锂离子电池还怕热，那就为它做一套液冷系统，保证夏天高温天气也不会过热。

电池从诞生到生命终结，都存在安全风险管理，所以从开始的开发设计，到工人进行组装制造，再到用户使用和回收都需要规避风险。

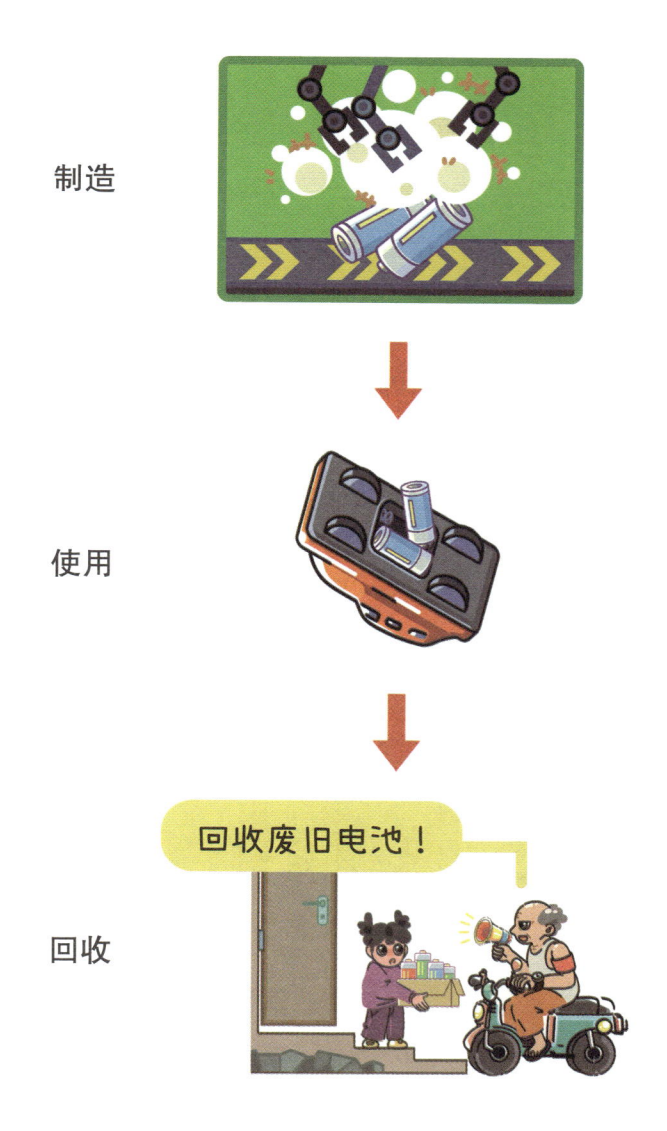

制造

使用

回收

电池的质量管控

在产品设计层面,要提高安全阈值,电池包从设计环节就要做到防水、防火、防撞、防高压漏电,同时保证材料、工艺和品质的可靠性。

注重制造过程的质量与安全管控,注重动力电池全生命周期的安全性,加强使用知识的普及。

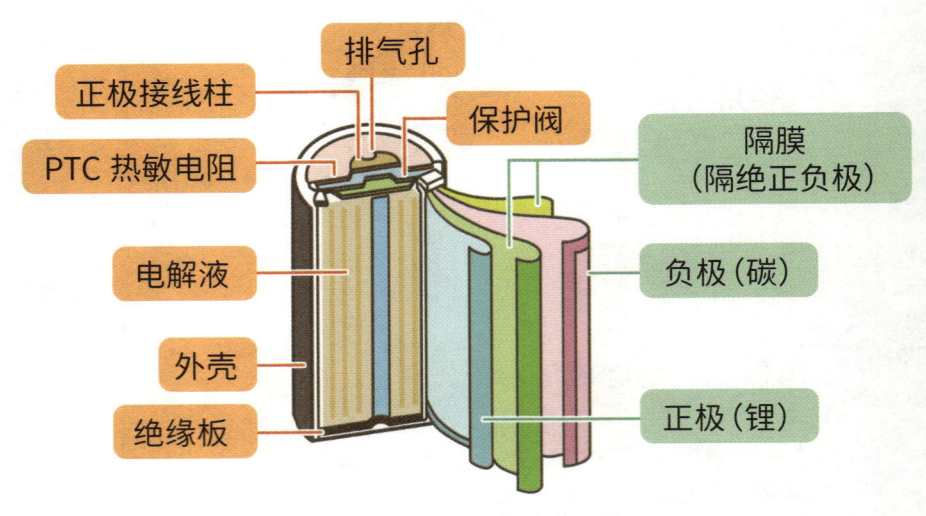

锂离子电池的内部结构

正规电池有内置保护板，它作用非常大，一般有过热、过压、过流保护。

过流保护　　　　短路保护　　　　过充保护

过放保护　　　　过压保护　　　　温度保护

在这些层层防护下，电池爆燃的几率已经大大降低，安全性能得到极大提升，但是这并不能保证绝对安全，因为总有一些意外和操作不当的状况出现。

关于锂离子电池的安全教育

由于锂离子电池爆燃大多发生在使用环节,学会正确、合理使用锂离子电池非常重要。

检查一下这些安全规范,你都做到了吗?

① **使用原装充电线**

原装 ✓ 非原装 ✗

② **注意电池的使用温度**

-15°C 冷 +45°C 热

③ 禁止颠倒正负极使用

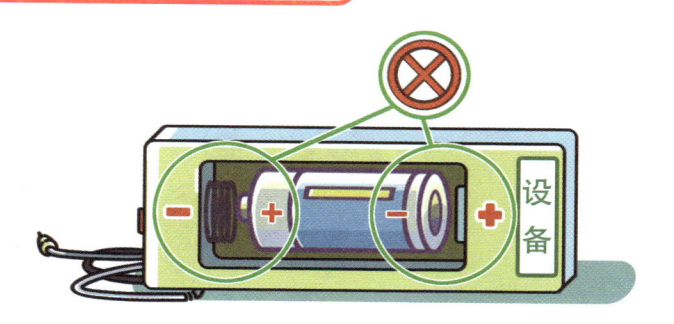

④ 不可私自拆开、检查、修理电池

⑤ 电动车不在室内充电

⑥ 不在易燃物旁充电

⑦ 若电池进水,应送修

⑧ 废旧电池及时送回收点

废电池处理厂

正确使用电池，就是要避免电池出现极端情况，如：挤压、刺穿、投火、高温等。如果不能正确使用，那么无论是正规电池还是非正规电池，都有可能发生爆炸。

我最怕它们了！

挤压

刺穿

投火

高温

在使用过程中，一般最高温度不能超过60摄氏度。另外在低温环境下，电池内部化学反应会减慢、影响电池性能，但不会发生爆炸。

尤其需要注意的是，钢/铁外壳的电池，最容易造成严重伤害，铝或者薄膜外壳，安全系数更高。

电池小知识

正规电池指的是：厂商原厂电池以及国产品牌电池，他们的产品均符合国家出台的关于锂离子电池的国家标准，在原料、设计、制造、检验、监控上均有一套质量监控程序，在安全性上有最大的保证。

各种假冒伪劣的电池以及无相关生产许可的厂商生产的电池，都属于非正规电池。

电池爆炸求生

当你或身边的人刚好使用了不合规、不匹配的充电器,或者不幸发生意外撞击,如果这个时候你察觉到电池出现异常现象,如冒烟、变形等,还可以抓住最后的逃生机会。

> 快走啊,我只能撑 5 分钟!

在最新的国家标准中,电动车锂电池发生热失控后,要做到 5 分钟内不起火、不爆炸。

如果你乘坐的电动车起火了,务必迅速捂住口鼻,想办法抓紧下车,并离开电动车超过 15 米。

不要企图去灭火,你才有机会在电池起火后绝地求生。

因为,锂电池内有非常完整的氧化还原反应链,内部自带氧化剂。我们知道,阻止燃烧,最重要的是隔绝空气,然而对于自带氧化剂的电池,根本无法隔绝氧气,所以一旦发生燃烧,普通的干粉灭火器是无用的,只能一边浇水一边无奈地看着它继续烧。

此外,在开始燃烧的初期,要抓住时机及时逃生,因为随后可能发生更大范围的二次喷射性爆炸,造成更严重的伤亡。离开后,应该报火警,找专业的消防人员进行处理。

在日常生活中，我们就应该做好电池的保养，防止上述情况的发生。例如电动车在充电的时候，就有很多方法可以避免其内部的锂电池起火。

比如，充电的时候在通风干燥的环境下进行、使用原装充电器进行充电、充满电后尽快断开电源等。

提升安全性，
新型锂电池的开发

锂离子电池的安全性能成为限制其未来前景的障碍，如何在保持其优点的同时，提升电池安全性能，专家一直在探索。

锂电池家族优缺点大曝光

科学家们通过采用不同的正极材料，如：钴酸锂、锰酸锂、镍酸锂、三元材料、磷酸铁锂等，研发出了不同种类的锂电池，如钴酸锂离子电池、锰酸锂离子电池、三元聚合物锂电池（简称三元锂电池）、磷酸铁锂电池等。

目前，这几种电池各有自己的优缺点。

锂电池家族优缺点一览表

锂电池种类	优点	缺点
钴酸锂电池	单体一致性和良品率比较高，适合大批量生产。	1. 能量密度、比功率、使用寿命方面等性能一般； 2. 组装大型电池组，容易过热； 3. 含有毒的钴元素。
锰酸锂电池	安全环保，没有专利限制，是目前主流的动力电池。	能量密度低，高温下的循环稳定性和存储性能较差。
磷酸铁锂电池	充放电循环寿命长。	1. 能量密度、低温性能、充放电倍率均存在不稳定性； 2. 生产成本较高，技术和应用遭遇发展瓶颈。

优点：

能量密度最大。

缺点：

1. 循环寿命差；
2. 不耐用；
3. 不安全；
4. 量产难。

镍酸锂电池

优点：

1. 能量密度和比功率完胜；
2. 循环寿命不差。

缺点：

1. 安全性略差且成本高；
2. 不耐用。

镍钴锰酸锂离子电池　　镍钴铝酸锂离子电池

前面这几种电池中，磷酸铁锂电池化学性能极其稳定，安全性非常高，比如磷酸铁锂的"刀片电池"。

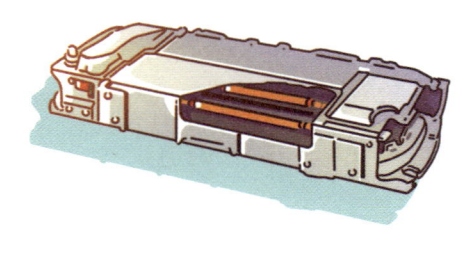

刀片电池　　　　　　　三元锂电池

刀片电池不同于三元锂电池，它的性质没有那么活泼，在高温、剧烈撞击等极端条件下，磷酸铁锂的刀片电池能够更加坚韧，有弹性。

同时，因为刀片电池的方形电芯扁平化，每个刀片内部又分为许多容纳腔室，每个腔室内部都有电芯，但这些电芯又是完全独立的，互不干扰，所以相比于三元锂电池，更不容易发生热失控。

新型电池研发之锂空气电池

关于电池安全的研究还在不断进行中，新型电池也在不停地研发中。其中，最引人瞩目的就是锂空气电池。

锂离子电池本质安全对策

安全问题原因	对策
自身特点决定	改善正负极电极材料的热稳定性，提高电池本质安全。
极端条件，或电池使用不当造成	1. 改进锂离子电池电解液（锂盐和溶剂），如添加阻燃剂、使用离子液体，使电解液难燃、不燃； 2. 通过结构设计和管理等外部手段，如发展高灵敏性的热控制技术，阻止热失控。

锂空气电池具有超高的理论能量密度、重量轻、绿色无污染，被誉为革命性的电池技术。虽然锂空气电池还处于研究开发阶段，但它展现出的性能优势，已经备受青睐。

锂空气电池

　　锂空气电池的能量密度比目前的可充电电池中盛行的锂离子技术要高10倍。这意味着同样体积的电池，锂空气电池的储电量是其他锂电池的10倍。

　　锂空气电池的卓越性能，让人们看到替代汽油的化学动力源。从理论上来说，只有这种电池能让电动汽车在不必携带巨大而笨重的电池组的情况下，拥有可媲美汽油车及柴油车的续航里程。而这一切的实现都需要攻克电池开发中的难题。

锂空气电池的技术难题

锂空气电池想要稳定量产，还需要解决一系列问题，包括循环寿命、能量效率、空气过滤膜、金属锂防护等。

虽然锂空气电池比能量高，但是它的缺点就是反应可逆性差，需要用催化剂来提升效率和充电能力，如果能做到，那么电池保存和提供能量的能力将大大提升。

我需要催化剂，来加强内部循环。

剑桥大学的化学教授克莱尔·格雷(Clare Grey)和她的团队认为,他们攻克了锂空气电池开发中的技术难关。

不过,剑桥大学方面也表示,这种技术要真正成熟并运用到电动汽车和储电产品中,还需要一段时间,也许在10年以内就能实现。

电池王国的未来

电池王国在不断孕育着全新的电池技术,科学家们在各类电池的关键材料和配件上的研究不断取得新进展。目前,全固态、钠离子、M3P、凝聚态、无钴电池、无稀有金属电池等电池技术已经成为未来相关企业布局发展的主要领域。

电池王国的舞台上,是哪些新星们正在闪闪发光呢?我们一起来看看吧!

电池界的能源革命——固态电池

在电池王国里,一直有一种大家期待已久的新型电池,它就是固态电池。从技术层面来看,固态电池将是电池产业最值得重视的技术。

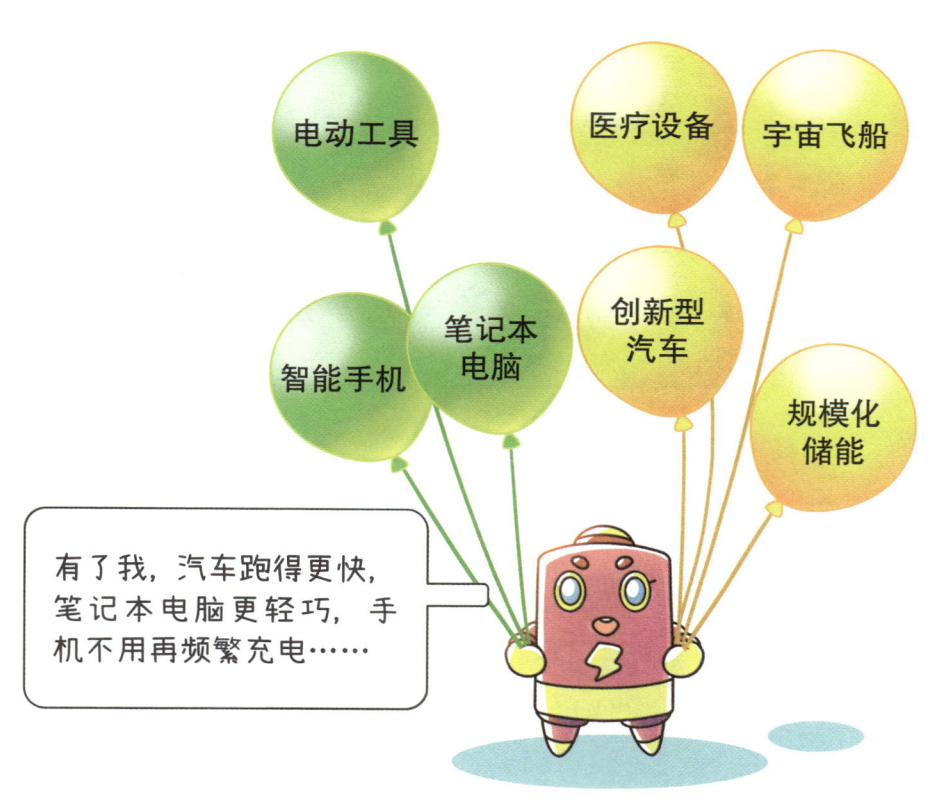

电动工具

医疗设备

宇宙飞船

智能手机

笔记本电脑

创新型汽车

规模化储能

有了我,汽车跑得更快,笔记本电脑更轻巧,手机不用再频繁充电……

传统的液态电池，也被科学家们称为"摇椅式"电池。它的两端为正负极，中间为液态电解质和隔膜，锂离子就像运动员，在两端来回跑，就完成了充放电过程。

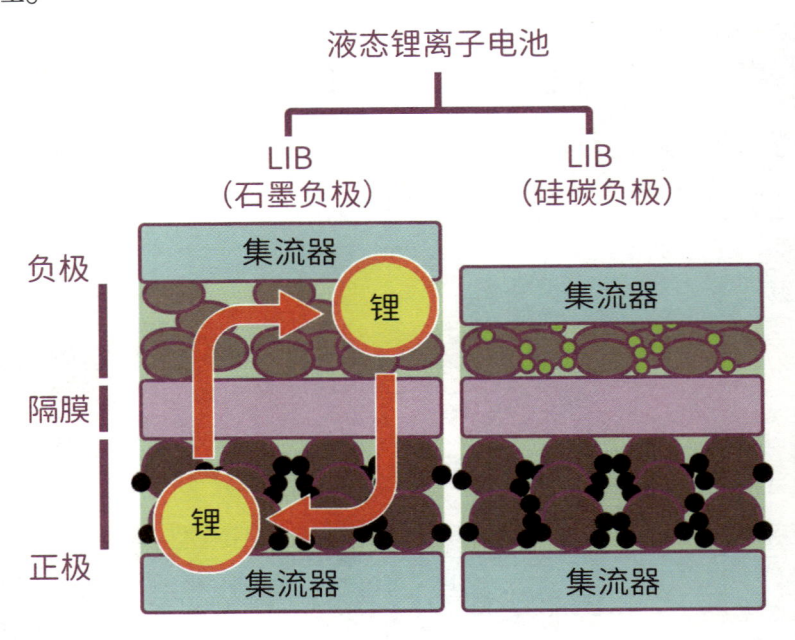

液态锂离子电池

LIB（石墨负极）　　LIB（硅碳负极）

负极　　隔膜　　正极

集流器　　锂　　集流器　　锂

那什么是固态电池呢？

在固态电池内，"运动员"还是在正负极来回奔跑，不过中间的"运动场"变成了固态电解质，而这种电解质自己分隔了正负极，也就不需要隔膜了。

这样一来，锂电池的能量密度和安全性能都得到了大大的提高。

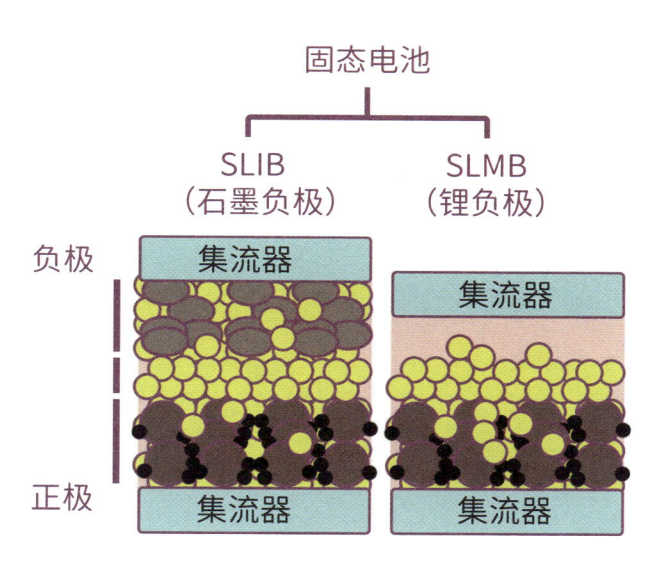

固态电池的研发及前景

固态电池的理论一经提出便吸引着科学家们，他们纷纷展开了长达数十年的理论梳理和研发。

商人们自然也不会错失此次机会，如大众、福特、宝马、现代、丰田等大型车企都纷纷在固态电池技术的研究上投入了数十亿美元。

然而截至目前，固态电池仍然属于未来技术，因为技术瓶颈还没突破，产业化还要面对诸多问题，但这也丝毫没有影响各路玩家蜂拥而入的热情。

固态电池的研发进程

加拿大Avestor公司曾尝试过研发,但失败了。

2010年,丰田曾推出过续航里程可超过1000公里的固态电池。

2015年3月中旬,英国戴森公司(Dyson)投资开发。

2018年1月,美国全固态电池企业Solid Power与宝马公司结盟,后者承诺在未来10年内为其生产的每一款产品提供某种形式的电池组件。

2023年,固态电池技术研发有望取得突破性进展。

在现阶段,不时就会有科学家公布令人振奋的消息。例如物理学家约翰·古迪纳夫(John·Goodenough)领导的研究团队提交了一项玻璃陶瓷固态电池的专利,它是通过在电池中添加钠或锂形成电极来实现的。这种电池稳定、不易燃、充电更快,储能能力是普通锂离子电池的3倍多。

很多公司考虑到现有的技术水平,想一步到位实现全固态电池还是比较困难,退而求其次采取从半固态、准固态、到全固态的"三步走"路线也有可能。

固态电池的实现,标志着一项人类研究了几十年的技术变成现实,也意味着电池家族将增加一位"悍将",将会掀起一场能源革命的风暴。

针对此项技术革命,电池产业应加大创新力度,通过全球协作解决全固态电池的关键材料问题、界面问题以及复合电极制备问题。目前,我国已经取得了重要的进展,有望近期实现应用。

未来的电池技术

除了固态电池，还有 4 种电池技术可能成为未来电池的主流，分别为含锂电池、新一代锂离子电池、无锂电池和氢燃料电池。

含锂电池

这里的含锂电池主要指锂空气电池和硫锂电池，它们在理论上具有很高比能量，对市场有着非常大的吸引力。只不过目前在技术层面仍然处于攻关阶段，真正实现产业化还需要一些时间。

> 在技术层面，我还没做好准备……对于超越锂离子电池，我没有把握……

← 含锂电池

新一代锂离子电池

根据国际能源署 2018 电动汽车展望报告，新一代锂离子电池将在 2025 年左右实现量产。

> 我们的目标是：在锂离子电池的基础上，提高它的能量密度、并减少所需要的材料。

← 新一代锂离子电池

无锂电池

科学家们也曾试图跳出锂的范围，开发"无锂电池"。不过，此类电池能否与锂离子电池竞争还让人存疑，因为锂离子电池的成本较低，并且已经有了很好的发展开端。

氢燃料电池

最具代表性的无锂储能技术就是氢燃料电池。然而，昂贵的氢燃料电池材料阻碍了该项技术的发展速度。

高效

无污染

用于航天领域及汽车能源

氢燃料电池

未来动力电池展望

据了解,截至 2021 年底,我国动力电池的投资已超过万亿,产能扩张到 1000 GWh;2025 年我国动力电池出货量将进入 TWh 时代,产值也会进入万亿级别。

过去十年,我国动力电池成本已经实现大幅下降,竞争力大幅提升,在结构创新方面可谓是异军突起。比如宁德时代的麒麟电池、比亚迪的刀片电池、中创新航的软方壳电池、蜂巢能源的短刀电池等。

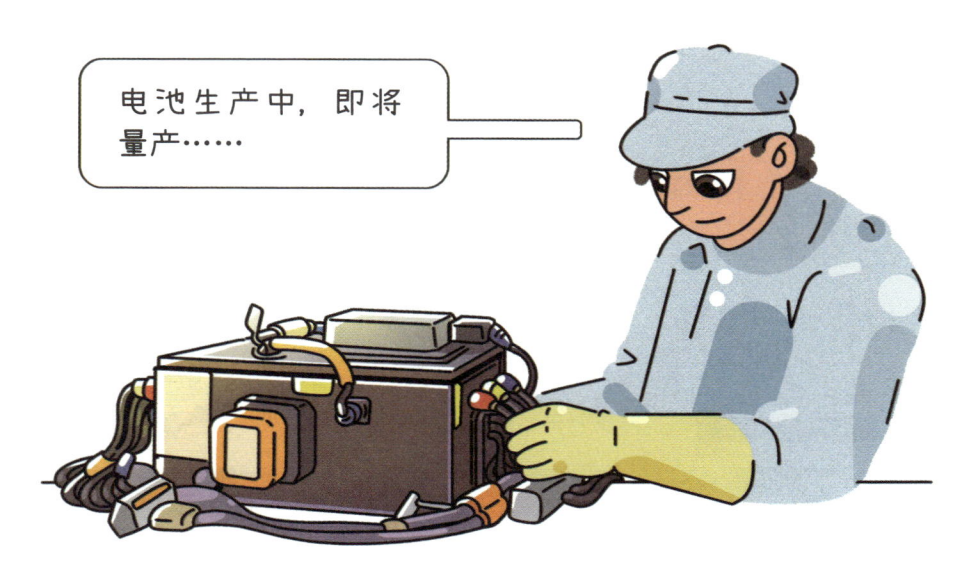

电池生产中,即将量产……

从技术角度进行展望，未来我国动力电池产业要高端化、低碳化、智能化。从高端化的角度来看，要做到高品质、高安全、高技术。动力电池低碳化要做到低能耗、低排放、低损耗，最后，动力电池智能化要做到智能设计、智能制造、智能控制。

动力电池回收 ➡ 原料再制造 ➡ 材料再制造

新能源全生命周期价值链

动力电池再制造

报废 ⬅ 梯级利用 ⬅ 再使用

业内人士认为,在未来十年内,全球的电池体系还会经历三次技术变革,2035年前预计会大规模生产能量密度为500 Wh/kg的下一代电池。

2020年,欧盟提出了2030年新一代智能电池的计划目标。现如今,电池技术的角逐已经在人类世界的各个国家之间展开,电池王国的未来值得期待!